MW01228432

LA GALERIE LEBRETON

LA COLLECTION DE MATÉRIEL MILITAIRE DU MUSÉE CANADIEN DE LA GUERRE

Andrew Burtch et Jeff Noakes

MUSÉE CANADIEN DE LA GUERRE
CANADIAN WAR MUSEUM

© Musée canadien de l'histoire 2015

Tous droits réservés. Aucune partie de ce livre ne peut être reproduite ni diffusée sous aucune forme, ou par quelque moyen que ce soit, électronique ou mécanique, y compris la photocopie, l'enregistrement et tout système d'extraction, sans la permission écrite préalable du Musée canadien de l'histoire. Tout a été mis en œuvre pour obtenir l'autorisation d'utiliser les textes ou les images qui sont protégés par le droit d'auteur. Si vous détenez les droits d'auteur sur des textes ou des images présentés dans cette publication et que vous n'avez pas donné votre autorisation, ou si vous désirez reproduire une section de cette publication, veuillez vous adresser à permissions@museedelhistoire.ca.

Catalogage avant publication de
Bibliothèque et Archives Canada

Burtch, Andrew
La galerie LeBreton : la collection de matériel militaire
du Musée canadien de la guerre /
Andrew Burtch et Jeff Noakes.

(Collection catalogue-souvenir, 2291-6377)
Publié aussi en anglais sous le titre :
The LeBreton Gallery: the military technology collection
of the Canadian War Museum.
ISBN 978-0-660-97511-5
No de cat. : NM23-5/11-2015F

1.   Galerie LeBreton (Canada).
2.   Art et science militaires – Musées – Canada.
3.   Canada – Histoire militaire – Musées.
4.   Canada. Forces armées canadiennes – Histoire.
5.   Canada – Forces armées – Histoire.
I.   Noakes, Jeffrey.
II.   Musée canadien de la guerre.
III. Titre.
IV. Collection: Collection catalogue-souvenir.

U13 C32 O8814 2015
355.0074'71
C2014-980057-6

Publié par le
Musée canadien de la guerre
1, Place Vimy
Ottawa (Ontario) K1A 0M8
museedelaguerre.ca

Imprimé et relié au Canada.

Publié en collaboration avec les
Amis du Musée canadien de la guerre.

Couverture :
Le char M1917 de six tonnes / MCG19980143-001

La collection Catalogue-souvenir, 10
ISSN 2291-6377

TABLE DES MATIÈRES

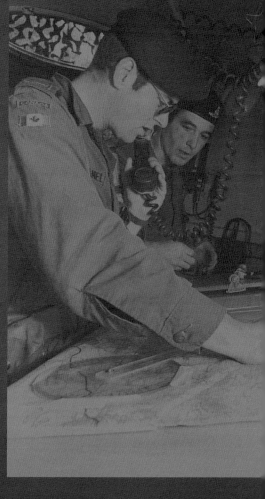

MESSAGE DES AMIS DU MUSÉE CANADIEN DE LA GUERRE

Les Amis du Musée canadien de la guerre sont à la fois heureux et fiers d'avoir financé la réalisation de ce catalogue, qui met en valeur la collection de grandes armes terrestres et navales, de véhicules et d'autres types d'équipement exposée dans la galerie LeBreton du Musée.

À l'origine, la galerie LeBreton servait d'aire d'entreposage au Musée, qui conservait là certains de ses plus grands artefacts non intégrés aux expositions permanentes. Ouverte au public, la galerie est vite devenue l'une des plus populaires auprès des visiteurs. Et, parallèlement à cette popularité croissante, les demandes d'information concernant l'équipement exposé et sa signification dans l'histoire militaire canadienne se sont multipliées.

En 2013, le Musée a réorganisé les artefacts dans la galerie LeBreton afin de faire connaître et d'officialiser les occasions d'apprentissage offertes par l'équipement qui intéressait tant le public. On s'est alors attardé à souligner des aspects de la collection portant sur les technologies navales et aériennes. En tant qu'ancien officier de marine, j'étais ravi qu'on ait trouvé un emplacement pour exposer le gigantesque sonar à immersion variable, instrument qu'on a commencé à employer au moment où je servais en mer.

Le Musée conserve cette collection pour que le public connaisse mieux les armes que les Canadiens ont utilisées, celles qu'ils ont bravées et celles dont ils ont fait l'expérience en temps de paix comme en période de conflit.

La collection réunit une vaste gamme de véhicules militaires, d'armes et d'instruments dont on a fait usage pendant les guerres au fil des 300 dernières années. Ces pièces témoignent de l'ingéniosité humaine et de l'intention sous-jacente à leur création et à leur emploi, tout en laissant percevoir l'expérience de ceux et celles qui ont dû affronter des ennemis ainsi équipés.

Les Amis du Musée ne se sont pas contentés de produire ce catalogue et de fournir des guides interprètes qui expliquent la collection aux visiteurs. Ils ont aussi aidé à financer l'acquisition et la restauration de nombre de pièces exposées, et leurs membres comptent parmi les bénévoles qui travaillent à entretenir et à restaurer l'équipement.

Les Amis, dont les membres sont tous des bénévoles, ont conçu et dirigé en 1985 la campagne *Passons le flambeau*, qui a permis de recueillir près de 18 millions de dollars pour la conception et l'élaboration des expositions et des présentations destinées au nouveau Musée canadien de la guerre. Par la suite, les Amis ont fait don de plus d'un million de dollars pour financer des projets qui enrichissent l'expérience des visiteurs et la collection du Musée.

Dans les galeries du Musée, les visiteurs peuvent rencontrer des Amis assurant la fonction d'interprètes bénévoles – nombre d'entre eux sont d'anciens combattants. Les visiteurs bénéficient également du soutien que les Amis apportent à certains projets d'acquisition, d'archivage, d'éducation, de recherche, de conservation et de restauration d'artefacts.

Organisme caritatif enregistré, les Amis du Musée acceptent les dons versés pour soutenir cette magnifique institution muséale nationale. Joignez-vous aux Amis du Musée canadien de la guerre, où que vous soyez et quel que soit votre âge, pour être au courant des nouveautés du Musée et participer à ses projets. Si vous désirez en savoir davantage sur les Amis du Musée canadien de la guerre, visitez leur site Web au www.friends-amis.org, rendez-vous sur leur page Facebook ou appelez au numéro 819-776-8618.

Douglas Rowland, C.D.
Président sortant
Les Amis du Musée
canadien de la guerre

AVANT-PROPOS

La galerie LeBreton du Musée canadien de la guerre contient la plus grande collection de matériel militaire du Canada. On peut y voir un large éventail d'armes, de véhicules et d'autres types d'équipement utilisés par les Canadiens, leurs alliés et les armées ennemies durant des conflits militaires survenus depuis le XVIIIe siècle.

Le Musée conserve cette collection pour que le public approfondisse sa connaissance des armes que les Canadiens ont utilisées ou auxquelles ils ont été confrontés, en temps de paix comme en période de conflit.

Cette publication présente 39 artefacts tirés de la collection de matériel militaire du Musée. Représentatif de la plus vaste collection exposée dans la galerie, le catalogue comprend des véhicules de transport, des véhicules de combat blindés, un aéronef, des missiles, des torpilles et des canons navals ainsi que de l'artillerie, dont des pièces de campagne, des obusiers et des mortiers de tranchée.

Les conflits ont façonné le matériel militaire, et certaines des pièces ont permis de remporter des batailles. Les objectifs fondamentaux qui sous-tendent un conflit armé demeurent largement les mêmes aujourd'hui – attaquer, protéger et tuer –, mais les moyens pour les atteindre ont évolué considérablement au fil du temps.

Mais il y a un aspect plus important encore : cette collection de matériel militaire témoigne de l'expérience humaine de la guerre. Les artefacts exposés ne sont pas de simples morceaux de métal, de caoutchouc ou de bois inertes, mais bien des outils utilisés par des milliers de militaires en temps de paix et pendant la guerre. Certains sont étroitement liés à l'histoire d'un soldat; d'autres aident les visiteurs à comprendre la portée et l'expérience de la guerre des temps modernes.

La galerie LeBreton est l'une des plus populaires du Musée. Tant des adultes que des groupes intergénérationnels ou des familles qui apprécient ses grands espaces ouverts la visitent fréquemment. Les bénévoles du Musée, dont plusieurs sont d'anciens combattants, viennent souvent dans la galerie raconter leur expérience personnelle aux visiteurs.

La galerie est une salle polyvalente. Lieu privilégié pour les banquets, les réceptions, les concerts et autres activités spéciales, elle accueille des publics très variés qui, autrement, n'auraient peut-être pas eu l'occasion de visiter le Musée.

Tout au long de ma carrière au Musée, je me suis consacré à l'enrichissement de la collection de matériel militaire. J'espère

donc que les lecteurs apprécieront la vue d'ensemble de la galerie LeBreton qu'offrent les pages suivantes.

Il nous aurait été impossible de publier ce catalogue-souvenir sans le généreux soutien des Amis du Musée canadien de la guerre. Les Amis, qui regroupent plus de 700 membres, aiment passionnément préserver et faire connaître l'héritage que nous ont laissé des générations de Canadiens et de Canadiennes qui ont servi leur pays. Au nom du Musée, j'aimerais leur adresser mes plus vifs remerciements.

James Whitham
Directeur général,
Musée canadien de la guerre,
et vice-président,
Musée canadien de l'histoire

HISTOIRE DE LA COLLECTION

L'histoire de la collection de matériel militaire coïncide avec celle du Musée canadien de la guerre. Ce dernier a été créé en 1880, quand le quartier général de la milice à Ottawa commence à collectionner des artefacts et des documents d'archives sur l'histoire militaire du Canada.

La collection s'accroît rapidement pendant la Première Guerre mondiale. À l'époque, l'archiviste du Dominion, Arthur Doughty, souligne la nécessité de préserver les artefacts issus de la guerre. S'assurant du soutien du gouvernement, il fait venir au pays des armes allemandes dont s'emparent les Canadiens en guise de trophées ainsi que des pièces témoignant de la contribution des pays alliés du Canada. Arthur Doughty organisera la première exposition itinérante en 1916.

À l'occasion d'un séjour en Angleterre, en 1917, afin d'y organiser les archives de guerre du Canada, Doughty en profite pour réunir de nouvelles collections d'armes, qui seront envoyées dans toute l'Amérique du Nord. Entre 1917 et 1920, en particulier après la fin de la guerre, ces expositions attirent des foules enthousiastes. On encourage vivement les visiteurs à célébrer la victoire en venant regarder les « armes et les instruments utilisés par nos hommes et leurs ennemis dans une lutte suprême qui, après quatre ans, s'est soldée par notre victoire absolue ».

En décembre 1918, le gouvernement canadien établit la Commission des archives et des trophées de guerre, chargée de distribuer l'équipement ennemi saisi ainsi que le matériel représentatif des alliés afin que ces engins fassent partie de monuments commémoratifs partout au Canada. Dirigée par Arthur Doughty, la Commission préserve de nombreux artefacts dans l'espoir qu'ils pourront un jour être exposés dans un musée. Entre-temps, les objets sont entreposés dans un bâtiment temporaire nouvellement construit, situé à côté des Archives du Dominion, au 330, promenade Sussex, à Ottawa, qu'on appelle alors « l'édifice des trophées ».

Lorsque la Seconde Guerre mondiale éclate, de nombreux trophées et artefacts, dans tout le pays, servent de ferraille pour appuyer l'effort de guerre. Une grande partie des engins détruits à Ottawa avaient été mis de côté pour la collection du futur Musée canadien de la guerre, qui ouvrira officiellement ses portes en 1942.

Après la reddition des Allemands, en 1945, la First Canadian War Museum Collection Team (première équipe chargée de la collection du Musée canadien de la guerre) mise sur pied et commandée par le capitaine Farley Mowat, traverse les Pays-Bas et l'Allemagne occupée par les Alliés. Cette unité officieuse recueille des centaines de tonnes d'équipement militaire allemand et organise son expédition au Canada. Une partie de cette collection aboutit au Musée, et certaines des pièces sont aujourd'hui exposées dans ses galeries.

De 1945 aux années 1980, de nouvelles pièces s'ajoutent à la collection du Musée, notamment grâce au ministère de la Défense nationale qui propose de transférer au Musée son matériel militaire désuet.

Peu avant les années 1990, les réserves s'enrichissent de pièces offertes par l'ancienne Union soviétique, l'Ukraine et l'Allemagne. En outre, des spécialistes du Musée cherchent à obtenir d'importants artefacts auprès de collectionneurs privés et d'autres musées afin d'accroître le contenu de la collection et de combler ses lacunes.

La collection de matériel militaire s'enrichit d'artefacts, cependant l'endroit où elle est conservée laisse à désirer. En juin 1967, le Musée est installé dans l'ancien bâtiment des Archives publiques du Canada. Presque toute la collection demeure exposée dans

l'édifice des trophées voisin, rebaptisé « l'Annexe ». Les artefacts y sont conservés jusqu'en 1983, année où l'Annexe est démolie pour faire place au nouveau Musée des beaux-arts du Canada. Toutes les réserves du Musée, y compris la collection de matériel militaire, se trouvent alors dans la maison Vimy, entrepôt qui sert parfois d'aire d'exposition. En septembre 2003, ce bâtiment ferme ses portes au public, et la collection du musée national est soigneusement transférée là où elle est aujourd'hui conservée, sur les plaines LeBreton.

Aujourd'hui, l'essentiel de la vaste et impressionnante collection de matériel militaire est exposé dans la galerie LeBreton, installation moderne aux conditions ambiantes contrôlées reliée à un atelier et aux réserves. Cette vaste aire ouverte que surmonte une mezzanine donne la possibilité aux visiteurs de mesurer l'importance de la collection. Le Musée est fier de conserver cette collection exceptionnelle pour tous les Canadiens et les Canadiennes, et tous les visiteurs.

LE CHAR M1917 DE SIX TONNES

Le char M1917 de six tonnes du Musée est l'un des deux seuls exemplaires au Canada. Les États-Unis en ont fabriqué près d'un millier après s'être engagés dans la Première Guerre mondiale, en 1917, en s'inspirant du char léger FT construit par la firme française Renault. La guerre ayant pris fin au moment où commence la production du M1917, aucun de ces véhicules n'a été envoyé sur un champ de bataille en Europe.

Char M1917 de six tonnes
Utilisé par le Canada, 1940-1943

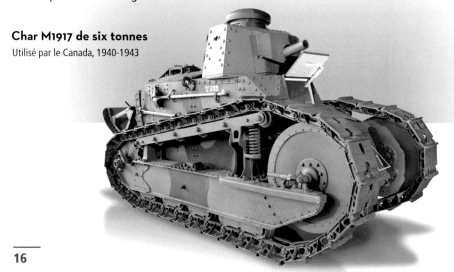

LES CANADIENS ET LE M1917

En 1940, le colonel canadien F. F. Worthington, partisan de longue date d'un Canada doté d'engins de combat blindés et fondateur du Corps blindé canadien (devenu le Corps blindé royal canadien), organise l'acquisition d'environ 250 chars M1917 de fabrication américaine. Les États-Unis, alors pays neutre, les livrent au Canada en tant que « ferraille » utilisée pour l'entraînement. Lents et peu fiables, ces chars ont néanmoins servi jusqu'à l'arrivée de nouveaux modèles, en 1943.

LA VIE D'UN TRACTEUR

Le M1917 du Musée a servi une dernière fois comme tracteur dans une exploitation forestière près de Bracebridge, en Ontario.

La carcasse rouillée acquise par le Musée en 1997 ne ressemblait plus au char original. Vendue comme surplus, elle avait été dépouillée de sa tourelle et d'une partie de sa coque. La restauration de ce véhicule rare a nécessité quatre années d'efforts soutenus et l'appui de Richard Iorweth Thorman, des Amis du Musée canadien de la guerre, et de la firme DEW Engineering. Pour lui redonner son apparence première, on a entre autres reconstruit la partie supérieure de la coque et la tourelle.

TRANSPORT ET RAVITAILLEMENT

La guerre est fort gourmande : chaque jour, l'appareil militaire engloutit d'énormes quantités de munitions, de carburant et de nourriture. Les troupes qui livrent combat et se déplacent doivent être constamment ravitaillées pour poursuivre leurs activités.

Chariot de service tout usage Mk III

Utilisé par le Canada, 1916-1918

CHARIOT DE SERVICE TOUT USAGE

Pendant la Première Guerre mondiale, on transporte, sur de simples chariots de bois, de la nourriture, des munitions et du matériel, acheminés de la gare vers les tranchées par de longues lignes de ravitaillement.

Le Corps expéditionnaire canadien compte sur des milliers d'animaux de trait et de bêtes de somme pour tirer les chariots et les pièces d'artillerie, et pour transporter le ravitaillement. Ces véhicules voyagent nuit et jour pour permettre aux troupes de combattre, et ils sont souvent la cible de tirs ennemis.

La firme canadienne Massey-Harris a fabriqué ce chariot à Toronto, en 1916. Après la guerre, de nombreux chariots de service, dont celui-ci, sont vendus à l'encan à des fermiers. Ses propriétaires britanniques ont fait don du chariot au Musée en 1968.

FOURGON D'ALIMENTATION D'URGENCE

Les Britanniques adaptent le Fordson (Ford d'Angleterre) E83W pour en faire une cantine mobile durant la Seconde Guerre mondiale.

Ce fourgon est le premier d'une série payée par des organisations du Commonwealth et offerte au gouvernement britannique. Les bénévoles qui conduisent ces cantines serviront plus de 7,5 millions de repas durant la guerre.

L'entreprise R. H. Patterson & Co. Ltd., concessionnaire Ford à Newcastle upon Tyne, en Angleterre, qui a adopté ce fourgon, existe encore aujourd'hui.

Les Amis du Musée canadien de la guerre ont aidé à financer l'acquisition et la restauration du véhicule, en plus d'avoir consacré temps et main-d'œuvre à ce projet.

Fourgon d'alimentation d'urgence EFV n° 1 E83W

Utilisé par le Royaume-Uni, 1941-1945

LE VÉHICULE UTILITAIRE LÉGER ILTIS

« Tandis que nous approchions de la ville, les phares se sont braqués sur un groupe d'environ 25 Serbes. Ils étaient tous armés et nous ont fait signe d'arrêter. »

Le caporal-chef John Tescione

Le soldat Phillip Badanai et le caporal-chef John Tescione ont conduit ce véhicule Iltis le 31 décembre 1994. Les deux Canadiens faisaient alors partie de la FORPRONU, une mission des Nations Unies en service dans l'ex-Yougoslavie. Les troupes serbes ont tiré sur le véhicule lorsque les Canadiens traversaient une ville occupée par les Serbes. Badanai a reçu deux balles dans le dos, et Tescione, six balles dans la tête et dans les bras. Les deux soldats ont dû parcourir péniblement 20 kilomètres avant d'arriver au quartier général de leur bataillon. Le chauffeur, Badanai, a reçu la Médaille du service méritoire et, en 1995, il a été désigné Casque bleu de l'année par la Fédération canadienne du civisme.

« Nous conduisions [...] quand soudain, ils ont armé leurs fusils; nous n'avions pas encore traversé la foule que, déjà, ils avaient ouvert le feu. »

Le soldat Phillip Badanai

Véhicule utilitaire léger à roues (Iltis)

Utilisé par le Canada, 1984-2004

LE G-WAGEN

**Véhicule utilitaire léger à roues,
Commandement et reconnaissance**

Utilisé par le Canada, depuis 2004

Les soldats canadiens ont commencé à se servir du Mercedes-Benz Gelandewagen, ou G-Wagen, pendant qu'ils patrouillaient en Afghanistan, en 2004. Les G-Wagen ont remplacé les véhicules Iltis, devenus désuets.

Le 12 décembre 2005, des insurgés afghans ont fait sauter un engin explosif improvisé près de ce G-Wagen commandé par le capitaine Manuel Panchana-Moya, à 90 kilomètres de Kandahar, en Afghanistan. La déflagration a blessé Panchana-Moya, les soldats Ryan Crawford et Russell Murdock ainsi que Tim Albone, un journaliste britannique. Le blindage ajusté au véhicule leur a sauvé la vie. Par la suite, les insurgés ont accru l'ampleur et l'efficacité de leurs attaques effectuées à l'aide d'engins explosifs improvisés.

RÉCUPÉRATION

Un hélicoptère
américain Chinook
livre le G-Wagen
endommagé à
l'aérodrome
de Kandahar.

L'ENTRETIEN ET LE GÉNIE

Tout objet finit par se briser. Les dépanneuses et les véhicules du génie assurent aux armées la poursuite de leurs activités en les aidant à réparer les ponts et à édifier des fortifications, ainsi qu'en effectuant la réparation et l'entretien de véhicules.

LE GREAT EASTERN RAMP

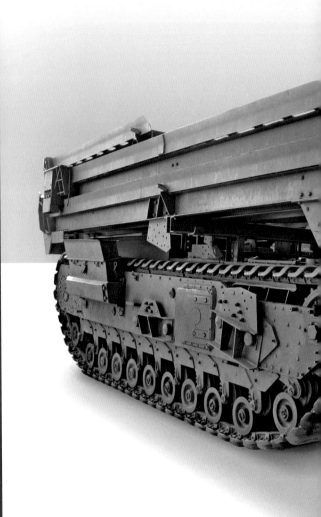

Ce véhicule rare compte parmi les 10 exemplaires de chars Churchill convertis par le Corps royal du génie en « Great Eastern Ramp ». Ce véhicule d'assaut a été conçu pour se déployer et aider d'autres véhicules à surmonter des obstacles, et à traverser des fossés profonds, comme des tranchées antichars.

Ce char est l'un des deux Great Eastern Ramp envoyés au Canada en 1946 pour y être mis à l'essai. Le Musée l'a acheté en 1972, dans un parc à ferraille à Kemptville, en Ontario.

Great Eastern Ramp, Mk IV RE

Utilisé par le Royaume-Uni,
1944-1945

LE CAMION-ATELIER DIAMOND T

Pendant la Seconde Guerre mondiale, les Canadiens disposent d'ateliers mobiles bien équipés pour réparer et remettre en état le matériel et les pièces automobiles.

Ce camion contient un atelier complet. Des établis escamotables se trouvent de chaque côté, et une génératrice fournit l'électricité nécessaire aux appareils. Le camion est équipé entre autres de machines-outils pour travailler le métal, d'un compresseur d'air pour peindre au pistolet ainsi que d'appareils divers pour réparer et recharger les batteries des véhicules. Des techniciens compétents se servent de cet équipement pour réparer les pièces endommagées ou usées.

Pendant la guerre, l'industrie automobile canadienne fabrique des centaines de milliers de véhicules. Cependant, le pays se procure encore à cette époque tous les camions de plus de trois tonnes chez des fabricants étrangers, tels que Diamond T à Chicago, en Illinois.

**Camion de matériel et d'outillage Diamond T,
de type « M », modèle 975 A**

Utilisé par le Canada, 1941-années 1950

COMMANDEMENT ET COMMUNICATION

Les véhicules de commandement et de communication sont le cerveau et le système nerveux de forces armées. Ils aident les dirigeants à transmettre les ordres, à relayer l'information et à coordonner les opérations.

LA HARLEY-DAVIDSON WLC

Au cours de la guerre, on se sert beaucoup de la Harley-Davidson WLC (WL indique le type de moteur et C, sa fabrication selon des spécifications canadiennes) pour répondre aux besoins en matière de communication. Le plus souvent, ce sont des estafettes qui la conduisent pour aller livrer des messages et des documents. La police militaire emploie également ce type de moto. On a recours au modèle WLC au Canada et outre-mer durant la Seconde Guerre mondiale et pendant celle de Corée. Près du quart des 88 000 motos Harley-Davidson fabriquées pendant la Seconde Guerre mondiale ont été construites selon des spécifications canadiennes.

Les consommateurs nord-américains de l'après-guerre, dont de nombreux anciens soldats, sont désireux d'acheter des motos Harley-Davidson provenant des surplus de l'armée.

Moto Harley-Davidson, modèle WLC

Utilisée par le Canada, 1942-1956

LE VÉHICULE UTILITAIRE LOURD C8A

Pendant la Seconde Guerre mondiale, le Canada produit plus de 400 000 camions militaires canadiens standards (MCS). Le véhicule utilitaire lourd pour le transport des militaires compte parmi les nombreux modèles de camions MCS. Fabriqué par la Ford Motor Company of Canada et par la General Motors of Canada, il est construit selon une conception uniformisée, ce qui permet d'accélérer sa production et de faciliter son entretien sur le terrain.

Le véhicule utilitaire lourd C8A est adopté en 1942. C'est le seul modèle de camion MCS fabriqué uniquement par la General Motors of Canada, qui en a construit 12 967 pendant la Seconde Guerre mondiale.

L'exemplaire que possède le Musée a servi au transport de militaires pendant la guerre.

Camion lourd de transport de troupes CMP C8A 1C1

Utilisé par le Canada, 1942-1945

LA REMORQUE DU LIEUTENANT-GÉNÉRAL H. D. G. CRERAR

Le lieutenant-général H. D. G. (Harry) Crerar, commandant de la Première Armée canadienne en 1944-1945, s'est servi de cette remorque comme bureau mobile.

Depuis le débarquement en Normandie, le jour J, jusqu'à la fin de la guerre, le quartier général de Crerar se trouve dans cette remorque, qui sera par la suite expédiée au Canada. C'est dans ce véhicule, équipé d'un bureau, de cartes, d'une table de conférence et de téléphones, que le lieutenant-général reçoit d'autres généraux et des invités de marque, tel le premier ministre britannique Winston Churchill. Un autre véhicule, le camion Diamond T de quatre tonnes, permet de déplacer la remorque et sert de logement militaire à Crerar.

Remorque de commandement de 3/4 de tonne

Utilisée par le Canada, 1944-1945

LA VOITURE D'ÉTAT-MAJOR DU FELD-MARÉCHAL HAROLD ALEXANDER

Ce véhicule a servi de voiture d'état-major personnelle au feld-maréchal britannique Harold Alexander durant ses campagnes en Afrique du Nord et en Italie, pendant la Seconde Guerre mondiale. Des formations canadiennes se sont battues en Italie sous le commandement d'Alexander.

La Ford Motor Company of Canada a fabriqué ce type de véhicule selon les normes britanniques pour que celui-ci soit utilisé comme véhicule de commandement spécialisé. La voiture d'Alexander a parcouru plus de 290 000 kilomètres et, durant sa vie utile, elle a subi des modifications sur le terrain ainsi que trois changements de moteur. Après la guerre, Alexander – devenu vicomte Alexander de Tunis et Errigal, en reconnaissance des exploits accomplis en temps de guerre – assume la fonction de gouverneur général du Canada de 1946 à 1952.

Voiture d'état-major
C11AD

Utilisée par le Royaume-Uni,
1942-1945

Alexander sur le terrain

Harold Alexander (à gauche) et
son chauffeur, le sergent Joseph
Wells (à droite) au quartier
général de la 5e Armée américaine,
en Italie, en février 1944. Natif
d'Ottawa, Wells a été le chauffeur
d'Alexander de 1939 à 1952.

VÉHICULES DE COMBAT

Pendant la guerre, combattre constitue la tâche principale des militaires. En temps de paix, les armées doivent s'y préparer. Le Canada, ses alliés et ses ennemis ont employé une vaste gamme d'équipement pour combattre sur terre, sur mer et dans les airs.

LE PANZER V PANTHER

Après avoir envahi l'Union soviétique en juin 1941, les forces allemandes subissent de lourdes pertes, infligées par des chars soviétiques, tels que le T-34. Les Allemands réagissent en créant le solide Panzer V Panther, dont le canon puissant et précis peut détruire un char allié Sherman situé à plus d'un kilomètre.

Le char que possède le Musée a été saisi, transporté au Canada, puis montré à Ottawa en mai 1945, pendant les festivités entourant la victoire. Exposé par la suite à la base des Forces canadiennes de Borden, près de Barrie, en Ontario, le char est transféré en 2005 au Musée canadien de la guerre par le ministère de la Défense nationale. Des membres du personnel du Musée et des bénévoles ont consacré 4 000 heures à la restauration du Panther.

Panzerkampfwagen V Panther Ausf A

Utilisé par l'Allemagne, 1943-1945

LE CHAR T-34/85

L'un des chars ayant connu le plus grand succès est de construction soviétique. Le T-34/85 ne coûte pas cher à produire, et sa mécanique est fiable. Il allie un lourd blindage à un puissant canon.

Les premiers modèles du char T-34 surpassent généralement les chars allemands. Quand l'Allemagne réagit en lançant des chars et des canons antichars plus puissants, les Soviétiques répliquent en fabriquant le T-34/85, une version améliorée. Pendant et après la Seconde Guerre mondiale, l'Union soviétique et d'autres pays produisent des dizaines de milliers de chars de ce modèle.

Ce char a été construit à Nizhny Tagil, en Union soviétique, en 1944. Il a servi au combat en Ukraine. Le gouvernement soviétique l'a offert au Musée canadien de la guerre en 1988.

Char T-34/85

Utilisé en Union soviétique, 1943/1944-années 1960

LE CHAR VALENTINE

Pendant la Seconde Guerre mondiale, l'Union soviétique utilise le char Valentine, de conception britannique et de fabrication canadienne. À Montréal, les usines Angus de la Compagnie de chemin de fer du Canadien Pacifique en fabriquent 1 420. Le Canada en conserve seulement 30 et expédie tout le reste à l'armée soviétique.

Au cours d'une offensive soviétique lancée en Ukraine en janvier 1944, ce char Valentine s'enfonce dans la glace qui recouvre une zone marécageuse d'une rivière. Les trois membres d'équipage s'en sortent, mais le véhicule disparaît. Des résidents de Telepino, un village voisin, le retrouveront 46 ans plus tard. En 1992, le gouvernement ukrainien fait don de ce char au Musée canadien de la guerre.

Char Valentine Mk VIIA

Utilisé par l'Union soviétique, 1943-1944

LE PORTEUR UNIVERSEL MK II*

Les forces canadiennes et alliées utilisent abondamment ce véhicule multifonctionnel. Souvent appelé « porte-mitrailleuse Bren », d'après la mitrailleuse légère de ce nom, il s'adapte à un éventail d'armes, dont les mitrailleuses, les mortiers, les canons antichars légers ou les lance-flammes. Il peut aussi tirer de l'artillerie légère ou des remorques d'approvisionnement, et il sert à transporter les blessés.

La Ford Motor Company of Canada et la Dominion Bridge Company construisent quelque 29 000 porteurs universels Mk II durant la Seconde Guerre mondiale.

L'exemplaire du Musée, fabriqué en 1944, a été le dernier en service dans l'armée canadienne avant que celle-ci n'adopte les véhicules blindés de transport de troupes de la série M113, dans les années 1960. Le ministère de la Défense nationale l'a restauré avant de le remettre au Musée en 1968.

Porteur universel n° 2 Mk II*

Utilisé par le Canada, 1944-1961

TRANSPORT DE TROUPES BLINDÉ M113

En 1963, le gouvernement canadien commande des véhicules blindés de transport de troupes M113 pour accroître la mobilité des bataillons d'infanterie stationnés en Allemagne durant la guerre froide et pour mieux les protéger. Le M113 du Musée est le premier véhicule de ce modèle qu'a reçu l'armée canadienne en 1964. En 1992, les soldats canadiens le transportent d'Allemagne à Sarajevo, pour se joindre à la mission des Nations Unies dans l'ex-Yougoslavie. En 1994, au cours d'une patrouille, il est gravement endommagé par une mine antichar. Pour souligner ses 30 années de vie utile, la Branche du Génie électrique et mécanique des Forces armées canadiennes restaure le véhicule et le remet dans son état actuel.

Transport de troupes blindé M113A2

Utilisé par le Canada, 1964-1994

LE RAM KANGAROO

Le Ram Kangaroo, mis en service pendant la Seconde Guerre mondiale, est l'un des premiers véhicules blindés de transport de troupes.

Le lieutenant-général Guy Simonds, du Canada, conçoit le « Kangaroo » en août 1944. En vue d'une nouvelle étape de la campagne de Normandie, il cherche un moyen de protéger les soldats des balles et des shrapnels lorsqu'ils se rendent à leur lieu de déploiement. Simonds pense à retirer la tourelle d'un char, créant alors de l'espace pour 12 soldats. Le véhicule ainsi modifié reçoit le surnom de « Kangaroo », du nom de code de l'atelier canadien qui a créé le premier exemplaire.

Les premiers Kangaroo ont été produits en enlevant les principales armes des canons automoteurs M7 Priest. La majorité des Kangaroo utilisés pendant la guerre étaient des chars Ram modifiés, comme celui que possède le Musée.

Ces véhicules fonctionnent si bien que les Canadiens et les Britanniques s'en servent dans toutes les batailles importantes jusqu'à la fin de la guerre.

Richard Iorweth Thorman et les Amis du Musée canadien de la guerre ont aidé à financer la restauration du véhicule. Les Amis ont également consacré temps et main-d'œuvre à ce projet.

Transport de troupes blindé Ram Kangaroo

Utilisé par le Canada, 1944-1945

LE CHAR LEOPARD C2

Depuis la fin des années 1970, le Canada utilise divers modèles de Leopard, de fabrication allemande, comme chars de combat principaux. Le Leopard C2, version améliorée du modèle original C1, a été produit en réaction à l'adoption de nouveaux chars par les Soviétiques au cours des années 1970 et 1980.

Les tourelles des Leopard allemands, plus modernes, offrent de meilleurs systèmes de ciblage pour les armes du char. L'ajout d'un blindage protège davantage l'équipage. Les Canadiens se sont servis du Leopard C2 durant des combats de 2007 à 2011, pour soutenir des opérations à Kandahar, en Afghanistan.

Char Leopard C2

Utilisé par le Canada, depuis 1999

AIR

Au fil du xxᵉ siècle, on concevra divers types d'aéronefs, question d'assurer aux forces militaires le contrôle de l'espace aérien à des fins d'observation, d'attaque, de défense et de transport.

LE CF-101 VOODOO

Le chasseur CF-101 Voodoo a servi à la défense du territoire aérien nord-américain pendant plus de 20 ans.

Les premiers Voodoo, acquis en 1961, remplacent les plus vieux chasseurs CF-100, qui devaient faire place aux Avro Arrow CF-105, dont la production a été annulée. Le Voodoo, remarquable par sa grande vitesse et sa longue portée, peut être utilisé dans toutes sortes de conditions climatiques.

Il est conçu pour intercepter, identifier et, au besoin, attaquer des appareils survolant le territoire aérien nord-américain. Il est relié au réseau informatique SAGE (système semi-automatique d'infrastructure électronique), qui permet de guider l'avion jusqu'à sa cible, qu'il peut attaquer à l'aide de missiles Falcon à tête chercheuse thermique et de fusées Génie équipées d'ogives nucléaires. L'appareil conservé au Musée est un CF-101F; il possède deux séries de commandes de vol pour former des pilotes.

CF-101 Voodoo

Utilisé par le Canada, 1961-1987

ESCORTE RAPPROCHÉE

Dans le cadre de leur rôle dans la défense aérienne, les Voodoo interceptent, identifient et accompagnent les avions de reconnaissance et de patrouille soviétiques volant à proximité de l'espace aérien canadien.

Ce CF-101 escorte un bombardier soviétique Bear en 1985, au moment où la vie utile du Voodoo au Canada tire à sa fin.

LES MISSILES AIR-AIR FALCON AIM-4D ET SIDEWINDER AIM-9B

Les missiles air-air Falcon AIM-4D et Sidewinder AIM-9B sont guidés par les radiations infrarouges (de chaleur) qui se dégagent de leurs cibles.

Malgré les piètres résultats des Falcon AIM-4D durant des combats entre avions de chasse, les forces aériennes canadiennes et américaines continuent de les employer. Les chasseurs CF-101 Voodoo, qui interceptent les bombardiers soviétiques – des aéronefs plus gros, plus lents et dont la manœuvre offre moins de souplesse –, en sont pourvus.

Le missile Sidewinder AIM-9B que possède le Musée a été conçu pour la formation, et il a sans doute été utilisé par la Marine royale canadienne. Les chasseurs Banshee de la Marine ont été munis de missiles Sidewinder de 1958 à 1962. Les premiers modèles du missile ne s'avéraient efficaces qu'en suivant l'avion-cible, là où la chaleur que dégagent l'échappement et le moteur se détecte plus facilement. Toutefois, les nouveaux modèles peuvent maintenant viser une cible, peu importe l'angle d'attaque.

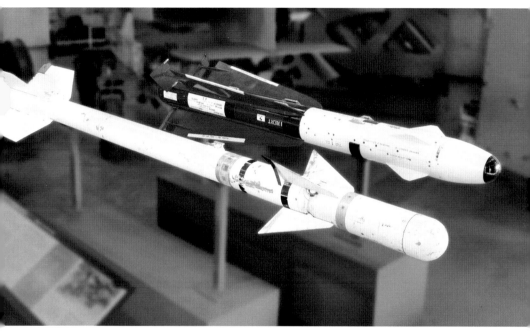

(à gauche)

Missile air-air Sidewinder AIM-9B

Utilisé par le Canada, 1958-années 1960

(à droite)

Missile air-air AIM-4D Falcon

Utilisé par le Canada, début des années 1960-début
des années 1980

BOMBES AÉRIENNES

À mesure qu'évoluent les combats aériens pendant la Première Guerre mondiale, le Royal Flying Corps britannique commence à utiliser des bombes incendiaires (en haut) ainsi que des bombes Cooper de 20 livres (en bas).

La bombe incendiaire renferme un mélange chimique hautement inflammable. Les incendies provoqués par ce type de bombe peuvent s'avérer encore plus destructeurs que l'explosif détonant contenu dans des bombes ordinaires, en particulier lorsqu'on vise des zones où se concentrent des villes, des entrepôts et des usines. Durant la Seconde Guerre mondiale, on a recours aux bombes incendiaires pour leurs effets dévastateurs.

La bombe Cooper, petite et légère, peut être transportée à bord d'avions de chasse et de bombardiers. Conçue pour produire des fragments projetés à grande vitesse au moment de la détonation, elle est utilisée contre les troupes, les véhicules de transport routier et d'autres cibles à découvert. Au cours de la Première Guerre mondiale, tant les aéronefs alliés qu'allemands attaquent de plus en plus des cibles au sol sur les premières lignes ou à proximité, au moyen de mitrailleuses ou de bombes comme la Cooper.

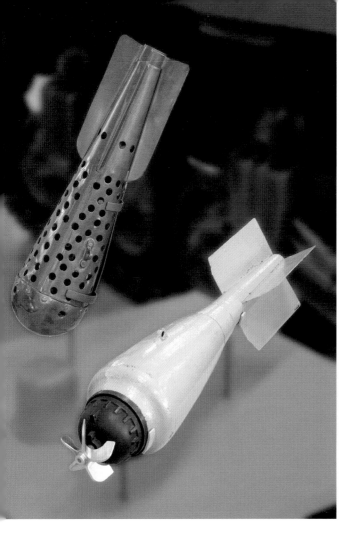

(en haut)

Bombe à carcasse incendiaire Mk I

Utilisée par la Grande-Bretagne, 1914-vers 1918

(en bas)

Bombe hautement explosive Cooper Mk I de 20 livres

Utilisée par la Grande-Bretagne, 1916-années 1930

LA MER

Comme la surface de la Terre se compose en très grande partie de plans d'eau, les navires de guerre constituent l'un des plus anciens et des plus puissants systèmes d'armes au monde. Les artefacts suivants furent utilisés par des navires comme moyens d'attaque ou de défense contre diverses menaces, en mer, sous l'eau ou dans les airs.

LA STATION MÉTÉOROLOGIQUE « KURT »

En octobre 1943, durant la Seconde Guerre mondiale, des marins allemands armés installent, dans le nord du Labrador, cette station météorologique automatisée surnommée « Kurt ».

Les prévisions météorologiques sont essentielles à la planification des opérations militaires en mer, sur terre et dans les airs. En mettant en place la station Kurt, les Allemands visaient à prévoir les conditions climatiques dans l'Atlantique Nord et en Europe. Cependant, après l'avoir brièvement exploitée, ils ne reçurent plus les signaux émis par Kurt.

L'Allemagne a établi dans le Nord plusieurs stations météorologiques, mais Kurt est la seule station installée en Amérique du Nord.

Station météorologique, terre, automatique, WFL (*Wetterfunkgerät Land*) 26

Utilisée par l'Allemagne, 1943

LA STATION MÉTÉOROLOGIQUE « KURT » INSTALLÉE

Cette photo allemande montre Kurt après son installation. Afin de camoufler les origines de la station, l'un des cylindres porte l'inscription « Canadian Meteor Service » (Service météorologique canadien). Les Allemands espéraient ainsi convaincre quiconque trouverait la station qu'il s'agissait de matériel appartenant au gouvernement canadien.

LA STATION MÉTÉOROLOGIQUE « KURT » EN 1981

Cette photo de 1981 montre les vestiges de Kurt. La plupart de ceux qui ont installé cette station sont morts durant la guerre, et l'histoire de Kurt est demeurée à peu près inconnue jusqu'à la fin des années 1970, lorsqu'un chercheur allemand a découvert les preuves de son existence au Labrador.

LE SONAR À PROFONDEUR VARIABLE

Les navires canadiens se servent de sonars à profondeur variable pour étendre la portée et augmenter la précision de la détection sous-marine. La Marine royale canadienne installe ce type de sonar sur ses contre-torpilleurs de la classe Iroquois.

Le sonar détecte les sous-marins à l'aide de sons. Il peut projeter des ondes sonores et écouter l'écho (sonar actif), ou écouter les sons émis par les sous-marins (sonar passif).

Les couches de température dans l'eau peuvent distordre le faisceau sonar, ce qui complique la détection sous-marine.

Pour surmonter cette difficulté, les scientifiques canadiens ont créé le sonar à profondeur variable dans les années 1950. Remorqué sous l'eau à partir de la poupe du navire, ce type d'appareil peut détecter les sous-marins plus efficacement qu'un sonar monté sur la coque.

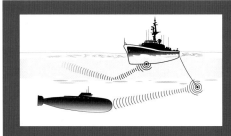

Ce schéma illustre le fonctionnement du sonar à profondeur variable. On y voit le faisceau émis par un sonar installé sur la coque d'un navire (en haut). La couche de température dans l'eau l'empêche de détecter les sous-marins. Le faisceau du sonar à profondeur variable (en bas), situé sous la couche de température, peut repérer les sous-marins.

Sonar à profondeur variable remorqué AN/SQS-505

Utilisé par le Canada, 1971-années 1990

(en haut)
Torpille britannique Mk IV de 18 pouces

Utilisée par le Canada, 1910-1922

(au centre)
Torpille Mk 14 Mod 3A

Utilisée par le Canada, 1968-1974

(en bas)
Torpille soviétique de type 53

Utilisée par la Corée du Nord, années 1940-1950

TORPILLES

Les torpilles sont des missiles sous-marins autopropulsés qu'on peut lancer depuis un sous-marin, un navire ou un aéronef. Elles sont conçues pour exploser au contact ou à proximité de la coque d'un navire ou d'un sous-marin. Le Musée possède dans sa collection plusieurs types de torpilles.

La **torpille britannique de 18 pouces** (en haut) est l'une des premières acquises par la Marine royale canadienne. Elle fait partie de l'armement installé sur le Navire canadien de Sa Majesté (NCSM) *Niobe*, un croiseur qui a été l'un des deux premiers bâtiments de la Marine. La torpille sert alors de complément aux nombreux canons installés sur le *Niobe*.

La **torpille américaine Mark 14** (au centre) a servi à attaquer des navires japonais durant la Seconde Guerre mondiale. Elle a aussi été utilisée par la Marine royale canadienne dans des sous-marins basés à Esquimalt, en Colombie-Britannique, dans les années 1960 et 1970. On avait sans doute prévu l'utiliser à bord du NCSM *Rainbow*, anciennement le USS (United States Ship) *Argonaut*, sous-marin de la classe Tench.

La **torpille soviétique de type 53** (en bas) date de la Seconde Guerre mondiale. Destinée sans doute à armer les vedettes lance-torpilles motorisées de la Corée du Nord, elle compte peut-être parmi celles qui ont été découvertes par la First Marine Division américaine près de Wonsan, en Corée du Nord, en octobre 1950. Elle a été saisie et apportée au Canada pour y être examinée et mise à l'essai.

LE CANON NAVAL DE 1 1/4 LIVRE

Ce canon est l'un des quatre qui constituent l'armement principal du navire du gouvernement canadien (NGC) *Canada*, de la flotte du Service de protection de la pêche.

Le navire *Canada* a pour rôle de patrouiller en sillonnant la côte Est afin de repérer les bateaux civils américains qui pêchent illégalement en eaux canadiennes. Comme l'opération ne nécessite pas d'armement lourd, il a été doté de quatre de ces armes automatiques relativement légères.

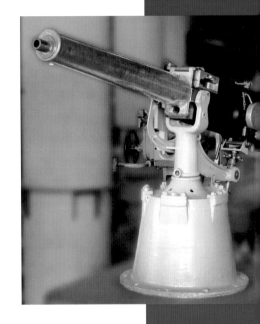

Canon automatique de 1 1/4 livre

Utilisé par le Canada, 1905-années 1910

UN CANON ET L'ÉQUIPAGE DU NGC *CANADA*

Dans cette photo prise aux Bermudes, une partie de l'équipage du NGC *Canada* pose à côté de l'un des quatre canons « pom-pom » du navire. Ce surnom leur a été donné en raison du bruit sourd et lourd qui se fait entendre au moment de la mise à feu.

CANONS ET MORTIERS

C'est pour anéantir des navires, des troupes et des fortifications ennemis qu'ont été conçus les canons. Les mortiers ont été conçus pour mener une guerre de siège et tirer des projectiles sur une haute trajectoire afin d'atteindre des cibles situées à l'intérieur de fortifications et habituellement non visuellement repérables.

Un canon modifié mis à l'essai
Cette photo montre le premier canon transformé par la firme montréalaise Gilbert & Sons, qu'on prépare en août 1879 pour un tir d'essai. On aperçoit, dépassant de la bouche du canon (à droite), le tube utilisé pour le modifier.

LE CANON PALLISER
DE 32/64 LIVRES

En 1877-1878, les tensions accrues entre la Grande-Bretagne et la Russie incitent le Canada à améliorer ses défenses côtières.

On a alors retiré plusieurs canons à âme lisse de 32 livres des fortifications et on les a convertis en canons de 64 livres à âme rayée et à chargement par la bouche, selon un procédé élaboré par William Palliser. Il en résulte une arme offrant une plus grande portée et une meilleure puissance de tir. Cependant, des différends au sujet du contrat en retardent la production de sept ans. Toutefois, le canon était devenu désuet en raison du blindage des navires de guerre modernes.

Canon Palliser de 32/64 livres converti en canon à âme rayée à chargement par la bouche

Utilisé par le Canada, converti en 1887

lMW (leichter Minenwerfer) n.A. de 7,58 cm

Utilisé par l'Allemagne, 1916-1918

LE MORTIER DE TRANCHÉE DE 7,58 CM

Pendant la Première Guerre mondiale, l'infanterie allemande se sert de *minenwerfer* (lance-mines ou mortiers de tranchées) sur les lignes de front.

Afin de les transporter facilement, on conçoit plusieurs mortiers de tranchées pour qu'ils puissent être tirés à l'aide de roues ou encore démontés. Par contre, en raison de leur portée réduite, on doit les installer assez près des lignes de front. L'Allemagne produit des mortiers de tranchées de taille et de portée très diverses. Ce modèle est l'un des plus petits. La 12e Compagnie canadienne de mitrailleuses s'est emparée de cet engin, qui a ensuite été expédié au Canada comme trophée de guerre.

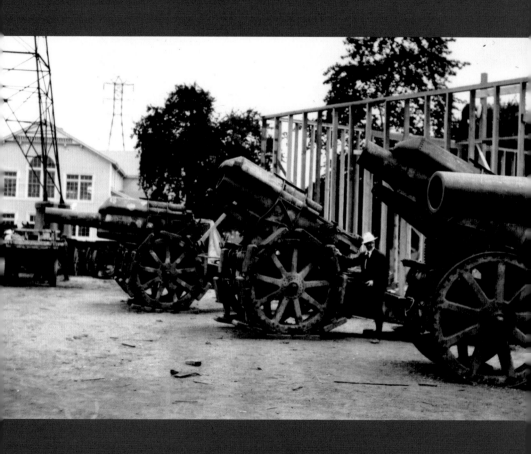

ARTILLERIE DE CAMPAGNE ET OBUSIERS

Traditionnellement, les canons de campagne tiraient des projectiles à vol rasant contre des cibles à découvert. Les obusiers en tiraient d'autres dont la trajectoire était plus élevée contre des cibles dissimulées par des éléments géographiques ou des obstacles.

LE CANON DE CAMPAGNE DE 25 LIVRES

Le canon de 25 livres, l'une des pièces d'artillerie les plus efficaces et les plus emblématiques dont s'est servie l'armée canadienne, est un canon de campagne utilisé couramment durant la Seconde Guerre mondiale et la guerre de Corée.

Fiable, ce canon de conception britannique offre une bonne puissance de tir et une grande portée. Grâce à une plateforme circulaire située en dessous du canon, il peut effectuer des rotations rapides. Plus de 17 700 canons de ce modèle ont été fabriqués dans divers pays alliés. À Sorel, au Québec, la firme Sorel Industries en a produit plus de 3 800, dont l'exemplaire du Musée.

Les Canadiens ont continué d'utiliser le canon de 25 livres jusqu'à ce qu'il soit remplacé, au milieu des années 1950, par l'obusier américain de 105 mm.

**Canon de campagne Mk II
de 25 livres à tir rapide**

Utilisé par le Canada, 1939-1956

UN CANON DE 25 LIVRES À L'ŒUVRE

Des membres du 2ᵉ Régiment d'artillerie de campagne de l'Artillerie royale canadienne attaquent l'ennemi au cours d'une intervention d'urgence déployée au nord de la ville de Campobasso, en Italie, pendant la Seconde Guerre mondiale. On aperçoit à droite la remorque d'artillerie de campagne contenant les munitions.

LE *MÖRSER* DE 21 CM

Cet obusier de la Première Guerre mondiale constitue l'une des plus importantes pièces d'artillerie lourde utilisées par l'armée allemande.

Bien qu'on lui ait donné le nom de *Mörser* (mortier), il s'agit en fait d'un obusier lourd capable de détruire tranchées et abris à une distance pouvant atteindre 9 400 mètres. Des « semelles » d'acier fixées aux roues lui servent à traverser les terrains accidentés et boueux. Un modèle ultérieur,

lancé en 1916, est muni d'un plus long tube de canon lui permettant d'étendre sa portée relativement courte.

Le 18e Bataillon d'infanterie canadienne de London, en Ontario, s'est emparé de ce canon. La Commission des archives et des trophées de guerre l'a remis à la Ville de Hamilton, en Ontario, où l'obusier a été exposé jusqu'à ce qu'il soit donné au Musée canadien de la guerre, en 1994.

Mörser 10 de 21 cm
Utilisé par l'Allemagne, 1910-1918

L'OBUSIER C1 M114 DE 155 MM

Le chargement d'un 155 mm
Des artilleurs canadiens chargent un obusier de 155 mm pendant un exercice d'entraînement. Ils utilisent une longue tige appelée « refouloir » pour pousser le projectile et la charge propulsive.

Les obusiers font partie de l'artillerie nécessaire aux forces canadiennes durant la guerre froide.

Mis en service au milieu des années 1950, ces obusiers de conception américaine ont été construits sous licence au Canada pour les besoins des troupes canadiennes et celles de divers pays membres de l'Organisation du Traité de l'Atlantique Nord (OTAN).

Celui que possède le Musée a été utilisé de 1958 à 1966, et il a tiré plus de 1 600 obus au cours de cette période.

Dès 1968, en Europe, l'Armée canadienne a remplacé l'obusier de 155 mm par un canon automoteur M109.

Obusier C1 M114 de 155 mm
Utilisé par le Canada, 1954-1970

ARMES ANTIAÉRIENNES ET ANTICHARS

Ces armes furent conçues pour offrir une protection contre les menaces militaires du xxe siècle : les avions et les chars.

UN CANON DE 6 LIVRES À L'ŒUVRE

Un canon de 6 livres tire sur une position allemande durant un combat livré à Ortona, en Italie, le 21 décembre 1943, pendant la Seconde Guerre mondiale.

**Canon antichar
Mk 1 de 6 livres**

Utilisé par le Canada,
1942-1957

LE CANON ANTICHAR DE 6 LIVRES

Les forces canadiennes et britanniques et celles d'autres pays du Commonwealth se servent de canons antichars de 6 livres pendant et après la Seconde Guerre mondiale.

Même s'il devient moins efficace lorsque des chars allemands plus fortement blindés font leur apparition sur les champs de bataille, le canon de 6 livres reste utile en situation de portée restreinte. Relativement petit et léger, il peut être déplacé par l'équipage pour appuyer l'infanterie et se protéger des attaques des chars ennemis. Les artilleurs se servent de ce canon pour détruire les casemates et d'autres fortifications, en particulier au cours de combats urbains.

LE M38A1 ET LE CANON SANS RECUL DE 106 MM

Le véhicule M38A1 du Musée, version améliorée de la jeep des années 1940, transporte un canon sans recul de 106 mm qui est utilisé pour tirer sur des chars et d'autres cibles.

Lorsqu'on s'en sert, le canon sans recul de 106 mm produit un gros nuage de poussière et de fumée ainsi qu'une grande flamme qui trahissent sa position. Le fait que l'arme soit montée sur un véhicule améliore grandement sa mobilité et la rapidité de déplacement des soldats après le tir. Pendant la guerre froide, les soldats canadiens s'entraînent « à tirer et à détaler », changeant rapidement de lieu pour échapper aux ripostes ennemies.

La défense antichar
Le soldat Gilles Gaudet (à droite) du 1er Commando du Régiment aéroporté du Canada charge l'un des canons sans recul de 106 mm montés sur jeep et déployés en juillet 1974, à l'aéroport de Nicosie, à Chypre.

Le véhicule utilitaire M38A1 et le canon sans recul de 106 mm

Utilisés par le Canada, 1952-1975 (véhicule); années 1950-1988 (canon)

LE CANON ANTIAÉRIEN DE 13 LIVRES

Le canon antiaérien de 13 livres a été créé par les Britanniques pour contrer la menace nouvelle et croissante que pose l'aviation ennemie. Il est mis en service en novembre 1915. On insère un manchon dans la culasse et le tube du canon de 18 livres, ce qui permet de tirer le plus petit obus de 13 livres tout en utilisant la plus grande cartouche et la charge propulsive. Cette modification accentue la vélocité des obus tirés avec cette arme, qui peuvent ainsi atteindre des aéronefs volant jusqu'à 5 700 mètres d'altitude.

À la fin de la Première Guerre mondiale, le Canada acquiert 10 canons, dont celui du Musée. Au moment où éclate la Seconde Guerre mondiale, il compte parmi les rares canons antiaériens en service au Canada.

Sur le front occidental
Les artilleurs ont utilisé des canons de 13 livres pendant la Première Guerre mondiale. Le socle du canon permet de l'orienter vers le haut, pour tirer verticalement, et on peut l'attacher à un camion ou à une plateforme fixe en béton.

**Canon antiaérien
9 cwt de 13 livres**

Utilisé par le Canada,
1918-1942

ROQUETTES ET MISSILES

Les roquettes et les missiles libèrent des charges explosives sans exiger un lourd équipement; bref, des armes plus petites, mais produisant des effets plus destructeurs.

LE LANCE-ROQUETTES *LAND MATTRESS*

Voici le seul exemplaire qui ait subsisté du lance-roquettes *Land Mattress*. À la fin de 1944, l'armée canadienne en a achevé la fabrication en s'inspirant d'un concept britannique.

Des lance-roquettes similaires, appelés *Sea Mattress*, ont été installés sur les péniches de débarquement durant l'invasion de la Normandie, en 1944; aussi a-t-on donné le nom de *Land Service Mattress*, ou *Land Mattress* au lance-roquettes canadien. En comparaison du canon canadien de 25 livres, le lance-roquettes effectue un plus grand nombre de tirs plus rapidement (30 roquettes en 7,25 secondes), mais il faut beaucoup plus de temps pour le recharger.

Lance-roquettes
Land Mattress

Utilisé par le Canada, 1944-1945

CONTRIBUTIONS

Nous aimerions remercier tous ceux et celles qui ont œuvré sans relâche au sein de l'équipe de l'exposition, notamment Sarah Dobbin, Kathryn Lyons, Michael Miller et Mélanie Morin-Pelletier. Nous sommes également fort reconnaissants à Peter Oulton (oulton + devine), designer d'exposition, à Alexander Comber, chercheur, et à Patricia Grimshaw, conseillère en développement créatif, des efforts qu'ils ont déployés pour mener à bien le projet. La collection exposée dans la galerie LeBreton est le fruit de décennies de recherches consacrées à son enrichissement, à sa conservation et à sa restauration. Nous voulons donc exprimer toute notre gratitude aux nombreux collègues et bénévoles du Musée – d'hier et d'aujourd'hui – ainsi qu'aux membres des Amis du Musée canadien de la guerre qui ont si généreusement livré leurs commentaires et prodigué leurs conseils sur la galerie et sa création. Enfin, nous voulons remercier Amber Lloydlangston, historienne adjointe, Bill Kent, photographe au Musée, de même que Lee Wyndham, coordonnatrice des publications, qui ont joué un rôle de premier plan dans la parution de ce catalogue-souvenir.

Andrew Burtch
Jeff Noakes
Musée canadien de la guerre

SOURCE DES PHOTOS

© Musée canadien de la guerre

p. 9	Steven Darby / IMG2012-0213-0005-Dm
p. 10	Collection d'archives George Metcalf / 20020045-2437
p. 13	Collection d'archives George Metcalf / 19390002-220
p. 14	William Kent / MCG2014-0075-0001-Dp1
p. 15	William Kent / MCG2013-0051-0005-Dp1
p. 16	19980143-001
p. 22	19680065-001
p. 25	19990029-001
p. 27	19950050-001
p. 28	20060101-001
p. 30	Collection d'archives George Metcalf / 20100119-014
p. 32	19720252-001
p. 35	19720076-001
p. 39	19910090-001
p. 41	19950103-004
p. 43	19590017-001
p. 45	(en haut) 19490003-001
p. 49	20030358-017
p. 51	19880285-001
p. 53	19920195-001
p. 55	19680041-001
p. 57	20030358-018
p. 59	20000230-007
p. 61	20030358-015
p. 62	Collection d'archives George Metcalf / 19930012-304
p. 65	20040061-001
p. 69	(à gauche) 19700011-001 / (à droite) 19850301-002
p. 71	(en haut) 19880001-688 / (en bas) 19390002-686
p. 75	19820219-001
p. 76	20030149-001#5
p. 77	20030149-001#8
p. 79	20090085-001
p. 80	(en haut) 19390001-181 / (au centre) 19750076-001 / (en bas) 19600007-001
p. 82	19440021-001
p. 84	Collection d'archives George Metcalf / 19940001-214
p. 87	19850408-001

p. 88 19390001-650

p. 90 Collection d'archives George Metcalf /
19780701-097

p. 92 19880001-709

p. 95 Collection d'archives George Metcalf /
19760583-054

p. 97 19940038-001

p. 98 19960020-001

p. 100 Collection d'archives George Metcalf /
20120141-001_p8e

p. 103 19660045-001

p. 105 19970113-024

p. 106 Collection d'archives George Metcalf /
19920085-132

p. 107 19390002-081

p. 111 19940001-019

p. 113 Steven Darby / MCG2012-0013-0004-Dm

Autres droits d'auteur

p. 6 Avec l'aimable autorisation de
Douglas Rowland

p. 17 Canada. Ministère de la Défense nationale /
Bibliothèque et Archives Canada / PA-197870

p. 19 Avec l'aimable autorisation de Stan Reynolds

p. 20 Alexander M. Stirton / Canada. Ministère de la
Défense nationale / Bibliothèque et Archives
Canada / PA 134419

p. 29 Canada. Ministère de la Défense nationale /
DSCN0398

p. 33 Avec l'aimable autorisation du Tank Museum

p. 36 Canada. Ministère de la Défense nationale /
IL79-846

p. 45 (en bas) Photographie du U.S. Army Signal
Corps / Collection du National WWII Museum /
2002.337.112

p. 46 Office national du film du Canada. Photothèque /
Bibliothèque et Archives Canada / PA-175522

p. 56 Avec l'aimable autorisation de Murray Johnston

p. 67 Canada. Ministère de la Défense nationale /
PCP85-7

p. 72 Canada. Ministère de la Défense nationale /
PCN81-106

p. 83 John S. MacKay / Bibliothèque et Archives
Canada / PA-123952

p. 86 Olivier Desmarais / Bibliothèque et Archives
Canada / PA-117826

p. 99 Canada. Ministère de la Défense nationale /
Bibliothèque et Archives Canada / e010786782

p. 102 Terry F. Rowe / Canada. Ministère de la Défense
nationale / Bibliothèque et Archives Canada /
PA-141671

p. 104 Avec l'aimable autorisation de Gilles Gaudet

p. 108 Frank Dubervill / Canada. Ministère de la
Défense nationale / Bibliothèque et Archives
Canada / PA-131255